U0318562

■ 优秀技术工人
百工百法丛书

黄桃翠
工作法

高含油杂交油菜
系统选育

中华全国总工会 组织编写

黄桃翠 著

🅑 中国工人出版社

技术工人队伍是支撑中国制造、中国创造的重要力量。我国工人阶级和广大劳动群众要大力弘扬劳模精神、劳动精神、工匠精神，适应当今世界科技革命和产业变革的需要，勤学苦练、深入钻研，勇于创新、敢为人先，不断提高技术技能水平，为推动高质量发展、实施制造强国战略、全面建设社会主义现代化国家贡献智慧和力量。

——习近平致首届大国工匠
创新交流大会的贺信

优秀技术工人百工百法丛书

农林水利卷

编委会

编委会主任：李忠运

编委会副主任：姜晓捷　汪　颖

编委会成员：伯　杨　孔美多　冯　波　樊　巍

　　　　　　郭战峰　展　彤　杨选民　周文琦

序

党的二十大擘画了全面建设社会主义现代化国家、全面推进中华民族伟大复兴的宏伟蓝图。要把宏伟蓝图变成美好现实，根本上要靠包括工人阶级在内的全体人民的劳动、创造、奉献，高质量发展更离不开一支高素质的技术工人队伍。

党中央高度重视弘扬工匠精神和培养大国工匠。习近平总书记专门致信祝贺首届大国工匠创新交流大会，特别强调"技术工人队伍是支撑中国制造、中国创造的重要力量"，要求工人阶级和广大劳动群众要"适应当今世界科技革命和产业变革的需要，勤学苦练、深入钻研，勇于创新、敢为人先，不断提高技术技能水平"。这些亲切关怀和殷殷厚望，激励鼓舞着亿万职工群众弘扬劳模精神、劳动精神、工匠精神，奋进新征程、建功新时代。

近年来，全国各级工会认真学习贯彻习近平总书记关于工人阶级和工会工作的重要论述，特别是关于产业工人队伍建设改革的重要指示和致首届大国工匠创新交流大会贺信的精神，进一步加大工匠技能人才的培养选树力度，叫响做实大国工匠品牌，不断提高广大职工的技术技能水平。以大国工匠为代表的一大批杰出技术工人，聚焦重大战略、重大工程、重大项目、重点产业，通过生产实践和技术创新活动，总结出先进的技能技法，产生了巨大的经济效益和社会效益。

深化群众性技术创新活动，开展先进操作

法总结、命名和推广，是《新时期产业工人队伍建设改革方案》的主要举措。为落实全国总工会党组书记处的指示和要求，中国工人出版社和各全国产业工会、地方工会合作，精心推出"优秀技术工人百工百法丛书"，在全国范围内总结 100 种以工匠命名的解决生产一线现场问题的先进工作法，同时运用现代信息技术手段，同步生产视频课程、线上题库、工匠专区、元宇宙工匠创新工作室等数字知识产品。这是尊重技术工人首创精神的重要体现，是工会提高职工技能素质和创新能力的有力做法，必将带动各级工会先进操作法总结、命名和推广工作形成热潮。

此次入选"优秀技术工人百工百法丛书"作者群体的工匠人才，都是全国各行各业的杰出技术工人代表。他们总结自己的技能、技法和创新方法，著书立说、宣传推广，能让更多人看到技术工人创造的经济社会价值，带动更多产业工人积极提高自身技术技能水平，更好地助力高质量发展。中小微企业对工匠人才的孵化培育能力要弱于大型企业，对技术技能的渴求更为迫切。优秀技术工人工作法的出版，以及相关数字衍生知识服务产品的推广，将对中小微企业的技术进步与快速发展起到推动作用。

当前，产业转型正日趋加快，广大职工对于技术技能水平提升的需求日益迫切。为职工群众创造更多学习最新技术技能的机会和条件，传播普及高效解决生产一线现场问题的工法、技法和创新方法，充分发挥工匠人才的"传帮带"作用，工会组织责无旁贷。希望各地工会能够总结、命名和推广更多大国工匠和优秀技术工人的先进工作法，培养更多适应经济结构优化和产业转型升级需求的高技能人才，为加快建设一支知识型、技术型、创新型劳动者大军发挥重要作用。

中华全国总工会兼职副主席、大国工匠

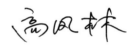

作者简介
About The Author

黄桃翠

1978 年出生，重庆市农科院油料作物研究所党支部书记、所长，重庆中一种业有限公司董事长（兼），重庆市妇联副主席（兼），重庆市油菜科技攻关首席专家、重庆市油菜产业技术体系创新团队首席专家，重庆市原高层次人才特殊支持计划（"特支计划"）科技创新创业人才项目入选者。

曾获"全国五一劳动奖章""全国三八红旗手""全国巾帼建功标兵"等荣誉和称号，获"全国农牧渔业丰收奖贡献奖""重庆市科技进步奖二等奖"等科技奖项。

　　黄桃翠在特高含油油菜品种培育方面取得重大突破。"庆油3号""庆油8号"等杂交油菜品种平均产油量较对照品种提高了近50%，实现了从"三碗菜籽一碗油"到"两碗菜籽一碗油"的历史性飞跃，在全国累计推广面积超过4000万亩，累计创造经济效益100亿元以上。她长期致力油菜高含油品种的选育，三次刷新我国油菜含油量最高纪录，是集油菜品种研发、品种栽培、品种生产、品种推广等技能于一身的高层次人才，为推动我国油菜产业迈向高含油时代作出了突出贡献。

科研一线践初心，
科技兴农担使命。

芝棚芽

目　录
Contents

引　　言
Introduction

　　油菜是中国最主要的油料作物之一。为满足我国油料需要，近年来，国家号召扩大油料作物种植面积，油菜的种植面积逐年上升。高含油、丰产、综合性状优良的油菜品种是当下油菜种植产业的需求，尤其是高含油油菜品种能够满足油菜生产的最本质需要，推动我国油菜产业从"低油"向"高含油"时代迈进，将"油瓶子"牢牢拎在中国人自己手上。

　　杂交育种是培育油菜新品种的主要途径，它将多个品种的优良性状集中在一个新品种中，并且新品种具有杂种优势。高含油是油菜最重要的经济性状之一，也是油菜育种中最核心的指标。要培育高含油油菜品种，需要相关的种质资源、杂交技术和系统选育方法来实现。高含油杂交油菜系统选育法是高含油油菜品种育成的有效方法，需要综合应用多种育种手段和资源平台来保证育种的高效性和稳定性。

本书主要阐述黄桃翠多年来在高含油油菜品种育种过程中的一些操作方法和实施效果，以及在实施过程中使用的新方法和新技术，供大家参考。

第一讲

杂交育种原理概述

一、杂交育种的概念

杂交育种是指不同品种间杂交获得杂种，继而在杂种后代进行选择，以育成符合生产要求的新品种。根据杂交品种之间的亲缘关系可分为近缘杂交和远缘杂交，其中近缘杂交是指品种内、品种间或类型间的杂交，它用于提高后代生活质量及选育新品种；远缘杂交是指种间、属间或地理上相隔很远，不同生态类型间的杂交，它主要用于创造更丰富的变异类型。杂交育种是选育作物新品种的主要方法，可以将亲本的优良性状整合到新品种中，甚至新品种中可能出现亲本不具备的超亲新性状。随着科学技术的发展，将杂交育种和其他育种方法结合应用，大大提高了育种的效率。

（一）遗传原理

杂交育种的遗传原理主要是孟德尔的自由组合定律，可将亲本不同的基因自由组合分配给子代，经过其他的育种措施和人为的选择，可将不同的亲本优良基因集中到新品种中（见图1）。有些不同的基因存在相互作用或互补作用，将这些基因杂交整合到新品种中可产生亲本不具有的新性状。有些数量性状是由微效多基因的数量控制的，通过杂交可将亲本中的微效多基因积累到新品种中，基因积累会产生亲本不具备的超亲性状。在杂交过程中，等位基因的片段会出现一定

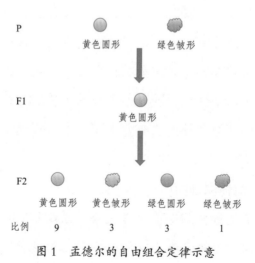

图1　孟德尔的自由组合定律示意

概率的互换，以及染色体会出现突变等现象，都是杂交育种多样性的来源。除此之外，还有连锁遗传和细胞质遗传（母性遗传）等现象也是杂交育种中常见的理论依据。

（二）亲本选配原则

杂交育种在确定育种目标后应根据目标性状进行亲本选配，包括杂交亲本选择和杂交组合配置等方面。亲本选配主要遵循以下几个原则：

（1）亲本都具有较多的优点，没有突出的缺点，亲本间主要性状的优缺点要尽可能互补。

（2）亲本之一最好是能适应当地地理、气候条件，且能稳定生产的材料。

（3）亲本间遗传差异要大，亲缘关系要远，有利于选出超亲性状亲本和适应性较强的新品种。

（4）亲本具有较强的配合力，其杂种后代可产生优良个体。

（5）选择优良性状较多的亲本作母本，需要改良性状的亲本作父本，也可将具有胞质遗传特性的亲本作母本。

（6）目标性状属于质量性状，则双亲必须具有这一性状。

（7）以结实性强的材料作母本，以花粉量大的材料作父本等。

（三）杂交组配方式

根据亲本和杂交的数量，杂交组配方式分为单交和复交（见图2）。单交是指2个亲本进行

单交 ｛
正交　A×B
反交　B×A

复交 ｛
三交　　　　（A×B）×C
双交　　　　（A×B）×（C×D）或（A×B）×（A×C）
四交　　　　[（A×B）×C]×D
五交　　　　{[（A×B）×C]×D}×E
聚合杂交　[（A×B）×（C×D）]×[（E×F）×（G×H）]
回交　　　　（A×B）×A或（A×B）×B
多父本混合授粉　A×（B、C、D……N多父本花粉混合）

图2　单交和复交

杂交，用 A×B 表示，前者为母本，后者为父本。如果称 A×B 为正交，则 B×A 为反交。复交是指包含 3 个或 3 个以上的亲本，进行 2 次或 2 次以上的杂交，其中包括三交、双交、四交、五交、聚合杂交、回交和多父本混合授粉等。

复交与单交相比，具有程序烦琐、育种年限长、群体规模大等特点，但由于其遗传基础的复杂性，可实现单交无法达到的育种目标。杂交组配应合理安排亲本的组合方式，综合性状较好、适应性强、丰产性较好的亲本应进行最后一轮杂交。

在进行杂交前，应先对亲本进行花期调节，可通过分期播种及控制施肥等措施使亲本的花期一致。在杂交环节应对此次杂交选定的母本在雌蕊成熟前使用雄蕊拔除法进行人工去雄（见图 3）。操作中应避免花粉受到污染，去雄后的花若不立即授粉，应套袋隔离。

（a）人工去雄　　　　　（b）去雄后

图 3　油菜去雄

　　去雄后取父本的花粉对去雄母本进行授粉，授粉后用适当大小的硫酸钠纸袋（或羊皮纸袋）套袋隔离，并在花序下挂上标签，注明父本和母本的名称（见图 4）。

　　标签可在组配时现场手写或利用标签打印机提前打印后带到田间使用。手写标签方便灵活，但容易出错，操作效率低，且手写标签上涵盖的信息量十分有限。利用标签打印机预先打印

图 4　套袋隔离

标签，不仅可以显著提高田间操作的效率，还可以确保每份材料都能被准确无误地标识出来，便于日后的追踪和管理。在需要记录详细种植信息时，如种植日期、植株间距、施肥情况等，提前打印的标签也能提供准确且一致的数据来源，有利于数据分析与总结。尤其是面对复杂的田间布局和大量的资源材料时，电子标签（见图5）可确保每处标识都清晰、准确，从而有效降低因信息记录失误导致的损失。

图 5　利用标签打印机打印的含大量数据信息的标签

二、杂交育种的基础选育方法

杂交后杂种后代的基础选育方法主要有系谱法、混合法、衍生系统法、单籽粒传法、集团混合法等。

（一）系谱法

系谱法（见图 6）是自杂种第一次分离世代（单交 F2、复交 F1）开始选株，分别种成株行，每株行成为一个系统（株系），以后各世代在优

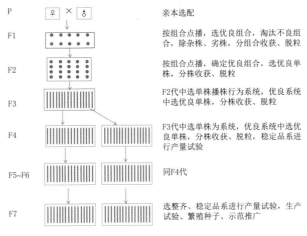

P　　　　　♀ × ♂　　　　　亲本选配

F1　　　　　　　　　　　　　按组合点播，选优良组合，淘汰不良组合，除杂株、劣株，分组合收获、脱粒

F2　　　　　　　　　　　　　按组合点播，确定优良组合，选优良单株，分株收获、脱粒

F3　　　　　　　　　　　　　F2代中选单株播株行为系统，优良系统中选优良单株，分株收获、脱粒

F4　　　　　　　　　　　　　F3代中选单株为系统，优良系统中选优良单株，分株收获、脱粒，稳定品系进行产量试验

F5~F6　　　　　　　　　　　同F4代

F7　　　　　　　　　　　　　选整齐、稳定品系进行产量试验，生产试验、繁殖种子、示范推广

图 6　系谱法选育

良系统中连续选单株，直到选出优良一致系统，升级进行产量试验。系谱法的优点是具有定向选择的作用；每一系统有案可查，易掌握它的优点和缺点；系统间的亲缘关系清楚，有助于互相参证；及早集中优良系统；有计划地加速繁殖和多点试验。系谱法的缺点是F2代严格选择，中选率低，特别是对多基因控制的性状效果较差；工作量大，占地多，往往受人力、土地条件的限

制，不能种植足够大的杂种群体，使优异类型丧失。

（二）混合法

混合法（见图7）是F1~F4代混种混收，不加选择，直到杂种后代基因型纯合达到80%时（F5~F8代），才开始选择一次单株，形成株系，从中选择优系升级进入产量试验。混合法的优点

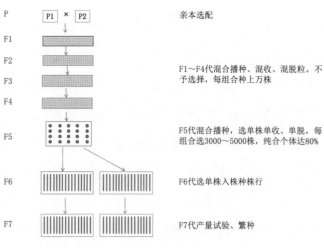

图7　混合法选育

是早代不选，混收混种工作简便；多基因控制的优良性状不易丢失。混合法的缺点是出现类型丢失现象，如早熟、耐肥、矮杆等类型；单株难选，因缺乏历史的观察和亲缘参照，优良类型不易确定；延长育种年限。

（三）衍生系统法

衍生系统法（见图8）是在F2代选择遗传

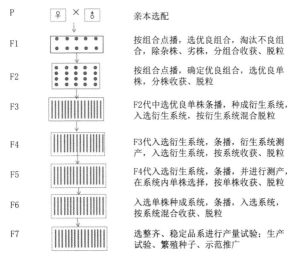

P	♀ × ♂	亲本选配
F1		按组合点播，选优良组合，淘汰不良组合，除杂株、劣株，分组合收获、脱粒
F2		按组合点播，确定优良组合，选优良单株，分株收获、脱粒
F3		F2代中选优良单株条播，种成衍生系统，入选衍生系统，按衍生系统混合脱粒
F4		F3代入选衍生系统，条播，衍生系统测产，入选衍生系统，按系统收获、脱粒
F5		F4代入选衍生系统，条播，并进行测产，在系统内单株选择，按单株收获、脱粒
F6		入选单株种成系统，条播，入选系统，按系统混合收获、脱粒
F7		选整齐、稳定品系进行产量试验；生产试验、繁殖种子、示范推广

图8　衍生系统法选育

力高的性状单株成系，以后各代将该株系混收混种形成派生系统，同时淘汰不良株系和系内淘汰不良单株，在优良派生系统趋于稳定时，选择优良单株来年种成株系，升级进入产量试验。衍生系统法综合了系谱法和混合法的优点，早代选株系，及早掌握优良材料，比混合法缩短育种年限；派生系统混收混种，所处理的材料数目在世代间不会增多；分系种植，减轻在混播条件下的竞争，可在系统内保存大量变异。衍生系统法的缺点是与系谱法相比，衍生系统法的品系纯化和稳定性较差；如果改进的目标性状的表现受一定环境条件的限制，利用温室或加代繁殖可能会有一定困难；缺少田间评定，且只经过一次选择，因此需要保留较多的品系进行产量比较试验，后期工作量大。

（四）单籽粒传法

单籽粒传法（见图9）是自杂种的第一次分

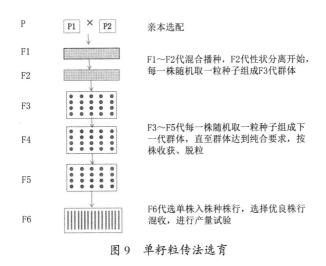

P   P1 × P2   亲本选配

F1

F2   F1~F2代混合播种，F2代性状分离开始，每一株随机取一粒种子组成F3代群体

F3

F4   F3~F5代每一株随机取一粒种子组成下一代群体，直至群体达到纯合要求，按株收获、脱粒

F5

F6   F6代选单株入株种株行，选择优良株行混收，进行产量试验

图 9　单籽粒传法选育

离世代 F2 开始，从每一株上随机取一粒种子混合组成下一代群体，如此进行数代，直到纯合化达到要求时（F5 或 F6 代），再按株收获，下一年种成株行，从中选择优良株系混收（株行数等于 F2 代群体植株数）进行产量比较试验。单籽粒传法的优点是早代温室或异地加代繁殖，育种进程缩短；产生大量的株系和品系，进一步试验鉴定。单籽粒传法的缺点是缺乏系内选择，F2

代单株后代难以提高，要求杂交组合的性状水平高；F3~F5代缺少株系的田间评定，不利于某些性状的选择。

（五）集团混合法

集团混合法（见图10）是在F2代就遗传力强的性状（如成熟期、株高等）进行选择，按不同性状归类集团，以后每代按集团混合种植，至高代在各集团中选株建系，选择优良株系升级。集团混合法的优点是既能保持丰富的变异类型，又减少了不同类型间的相互干扰。集团混合法的缺点是在混合种植的过程中，无法准确追踪和选择特定的优良单株，需要经过多代的混合和选择，导致选育周期相对延长；集团混合法在每一代的选择过程中，选择强度相对较低，难以快速有效地集中优良基因。

杂交育种具有较长的年限和复杂的过程，当下分子标记辅助育种技术、小孢子培养技术、基

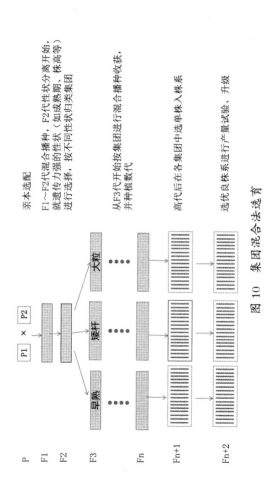

图 10 集团混合法选育

P

F1

F2 P1 × P2

F3 早熟 矮杆 大粒

Fn

Fn+1

Fn+2

亲本选配

F1～F2代混合播种，F2代性状分离开始，就遗传力强的性状（如成熟期、株高等）进行选择，按不同性状归类集团

从F3代开始按集团进行混合播种收获，并种植数代

高代后在各集团中选单株入株系

选优良株系进行产量试验、升级

因编辑技术等先进育种技术已应用于油菜育种，可以大大减少杂交油菜选育的步骤，同时可通过异地自然条件（北种南繁、南种北育）加代、当地自然条件异季就地加代、温室或人工气候箱加代等方式来增加年度育种代数，从而缩短育种年限。

第二讲

高含油育种材料及
自交系创制

　　油菜是我国重要的油料作物，其油脂除食用外，在工业及能源领域也具有独特的作用。油菜含油量是油菜最主要的性状指标之一。以往育种目标注重提高产量，但近年来油菜产量提升空间有限。以含油量40%计算，其每上升1%，相当于产量提升2.5%。此外，我国普通油菜含油量普遍较低，因此高含油油菜育种是当下油菜育种的一个热门方向。

　　高含油油菜育种主要通过将高含油材料和具有其他优良性状的植株进行单交或复交，经过系统选育培育出综合性状好的高含油油菜品种。但高含油油菜育种具有许多困难：一是高含油资源的匮乏，大部分国内的高含油资源的遗传背景比较接近，不利于种质多样化发展；二是往往育成品种的含油量水平远低于其遗传来源的亲本材料；三是育成的高含油品种，其他综合性状水平很低，不利于实际推广应用。

一、高含油育种原理

针对高含油育种中高含油遗传资源匮乏、培育高含油材料效果差、综合性状水平低等问题，结合遗传育种三要素（见图 11），我们优化杂交育种方法，原理如下：

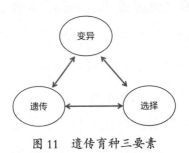

图 11　遗传育种三要素

（1）保证高含油遗传资源的多样性，通过现有的种质资源和自然种质资源收集、远缘高含油材料杂交、诱变育种、引种成熟材料等方式进行种质资源收集，并通过杂交等方式进行种质资源改良，以及对种质资源进行目标性状及综合全方位的筛选鉴定。

（2）通过优化杂交选育方法，综合具有其他优良性状的种质资源，并通过系统选育和鉴定，培育遗传稳定、性状突出的育种亲本材料，以待下一步的杂交种选配。

二、油菜高含油遗传资源获得和筛选

（一）问题描述

随着人类对油菜栽培品种的定向选择和种质资源的大范围流通，本地的栽培品种被商品品种渐渐取代，导致油菜品种的同质化和自然种质资源的减少，这对油菜育种来说有一定程度的影响。创制高含油油菜品种，要先获取并选择具有高含油特性的种质资源，这是创制高含油油菜品种的必要条件。

（二）解决方法

1. 油菜高含油遗传资源的收集来源

油菜高含油遗传资源的收集来源，即现有的

种质资源和自然种质资源收集、远缘种高含油材料、诱变育种、转基因育种、引种成熟材料。对自然存在的油菜高含油资源进行收集的方式由于地域跨度，其时间成本和经济成本过高，而且中选率很低。一些远缘种具有良好的高含油特性，可通过连续回交和选择，将其高含油遗传性状整合到油菜中，并能稳定存在，从而实现高含油遗传资源创制（见图12）。也可通过紫外线、化学试剂、辐射等物理化学诱变方式进行诱变育种，将小孢子进行诱变处理，然后将其培育成外植体，通过鉴定和筛选，选取其中的高含油突变株作为育种材料。还可通过引种其他科研单位已经研究成熟的油菜高含油种质资源，与现有遗传资源整合，形成新的高含油材料。

2. 不良性状的改良

选定的高含油育种材料不应出现明显的缺陷，若有缺陷，应通过与之缺陷性状互补的材料

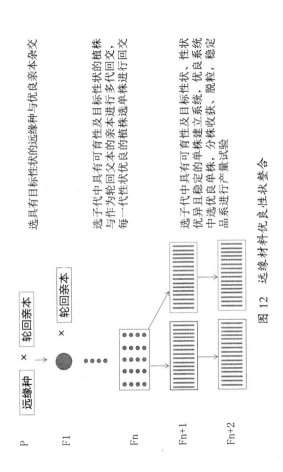

图 12 远缘材料优良性状整合

P 远缘种 × 轮回亲本

选具有目标性状的远缘种与优良亲本杂交

F1 × 轮回亲本

选子代中具有可育性及目标性状的植株与作为轮回父本的亲本进行多代回交，每一代性状优良的植株选单株进行回交

Fn

Fn+1

选子代中具有可育性及目标性状性状优异目标稳定的单株建立系统，优良系统中选优良单株，分株收获、脱粒、稳定

Fn+2

品系进行产量试验

进行组配选择，选择后代中没有缺陷且目标性状
和其他性状稳定的纯合植株作为育种材料。

3. 性状评价体系和定向选择

对经过收集的高含油种质材料进行高含油指
标测试和评价。由于高含油性状为多基因控制性
状，存在超亲现象，可通过不同遗传来源的高含
油材料的组配和选择，进行高含油遗传资源的整
合，选择其中高含油性状稳定且具有明显加效作
用、配合力强的植株作为育种材料。

（三）实施效果

通过筛选和改造，得到一批具有高含油性状
的种质材料。由于其广泛的遗传来源性，有较大
的可能性产生超亲植株，又经过了不良性状的遗
传改良，排除了不良的遗传性状，为下一步育种
亲本材料的创制提供了基础。

三、高含油自交系培育

（一）问题描述

油菜高含油品种除了具有高含油性状，还应具备丰产、抗病、抗逆、抗倒伏等其他综合性状，涉及复杂多重的杂交和选育过程（见图13）。由于其复杂性，所育成的高含油品种会出现其他优良性状的丢失，使品种的综合性状较差。培育高含油自交系是培育高含油杂交油菜品种的重要步骤。通过多年、多代连续的人工强制自交和单株选择，将高含油特性与其他优良农艺性状（如高产、抗逆性、优良品质等）进行有效地集成，形成基因纯合的、具有高度的遗传稳定性和一致性的自交后代，从而提高育种效率和品种的稳定性。优良高含油自交系应具备基因型纯合、表型整齐一致、一般配合力高、具有优异的农艺性状，包括植株性状、产量性状等。在育种实践中，即使是很优良的自交系，也难免存在个别的缺点，需要在保持其大部分优良性状和高配合力特性的前提下对个别不良特性进行改良。

图 13 杂交育种实况

（二）解决方法

1. 选育高含油优良自交系的原始材料

选育高含油优良自交系的原始材料多种多样，主要有各地特色油菜品种和推广品种、各类杂交种、综合品种或人工合成群体。各地特色油菜品种地区适应性强，还有一些优良特异性状，如品质好或对某种病害抗性强，但有些品种自交退化严重，不适应人工自交，从中较难选出理想的自交系。优良推广品种、综合品种和人工合成群体具有广泛的遗传技术及丰富的遗传变异特点，是分离自交系的好材料，可以选育出优良的自交系。但是，利用这类遗传基础复杂的群体筛选自交系，首先要求群体进行多代的自由授粉，打破基因连锁，达到充分重组和遗传平衡；其次要求进行大量的单株选择。因此，高含油优良自交系的培育需要较长的时间和较大的工作量。随着现代生物育种技术的发展，可利用分子标记辅助选择技术、小孢子培养技术、细胞工程育种技术等加速基因纯合。

2.高含油优良自交系选育

在高含油优良自交系的选育过程中，始终要按照含油量高、农艺性状优良、一般配合力高和遗传纯合四点基本要求进行选择。主要方法是连续多代套袋自交结合农艺性状选择、品质检测和配合力测定，即采用系谱法和配合力测交试验相结合的方法，在选育过程中形成系谱，最终育成符合要求的高含油自交系。

（1）人工套袋自交技术

在选育自交系时，都要进行人工套袋自交。人工套袋自交的基本方法是在开花散粉之前，用适合花序大小的硫酸钠纸袋（或羊皮纸袋），将当选植株的花序套上，起到隔离保护作用，防止异品种（系）花粉干扰。套袋后，系上标签，注明区号或品种名称、自交符号等，即完成了自交过程。白菜型油菜具有自交不亲和性，需要人工剥蕾辅助授粉才能实现自交。从套袋内收获的种子就是自交种子。

（2）高含油自交系选育方法

回交法是获得高含油油菜自交系的基本方法。其育种程序是 $[(A \times B) \times A^{1 \sim 5}] \otimes^{2 \sim 5} \rightarrow A'$。

A 代表产量、抗性、农艺性状优良但含油量不高的自交系，B 代表具有高含油性状的供体系，$A^{1～5}$ 代表用 A 系作轮回亲本回交次数，$\otimes^{2～5}$ 表示自交次数，A' 表示 A 的高含油改良系。

供体系的选择。在高含油油菜自交系选育时，选择合适的供体系是关键。供体系必须具备两个基本条件：第一，具有高含油性状，且高含油性状的遗传特点已经明确；第二，具有较高的配合力和较多的优良性状，没有严重的、难以克服的缺点。否则，由于基因的连锁，即使经过多次回交和严格选择，在进行高含油性状改良的同时，可能降低改良系的配合力或出现新的不良性状而前功尽弃。

回交次数的选择。在进行回交选育时，因不同轮回亲本与供体系间的遗传背景差异等因素，回交的次数是灵活的，不是固定的，主要根据回交后代具体的性状表现而定。如果根据品质和性状鉴定，回交后代已符合高含油高产的要求，就可停止回交，并通过自交使基因型达到纯合稳定状态。

一般来说，当需要改良的性状是主效基因控制的质量性状，在进行自交系改良时，需要进行5代以上的饱和回交，使轮回亲本的遗传比重占绝对优势，即达到98%，轮回亲本的性状能得以充分表现。当需要改良的性状是微效多基因控制的数量性状，在进行自交系改良时，应采用非饱和回交，回交次数不宜超过4次，使回交后代中同时保存轮回亲本的大部分遗传成分（75%~95%）和小部分供体系的遗传成分（5%~25%），通过选择使供体的某些优良性状充分显示出来，获得改良的效果。如果继续增加回交次数，由于供体系在回交后代中所占的遗传比重过少，受多基因控制的这类性状就会被削弱或排除，而达不到改良的目的。高含油性状是微效多基因控制的数量性状,因此回交次数最好控制在 4 次以内。

(3)高含油自交系选育操作案例

利用筛选的高产、抗病、抗倒伏等优良的上百份材料构建轮回群体 S1,群体中采用半分法优选综合农艺性状优良的单株进行测交,次年对其测交子代进行比较试验,并以优异性状的品种为对照组,以高产、抗菌核病、抗病毒病、抗倒伏低于对照组为筛选标准淘汰 S1 所选单株的预留种子,并鉴定优选具有高含油、早熟以及双低性状优于对照的 S1 单株的预留种子。再对优选单株或家系的 S1 预留种子进行等量混合,于同年夏繁时在隔离区域内进行混合种植、自由交配,合成为改良群体 C1,从而完成第 1 轮轮回选择。然后按照第一轮相应的过程进行第 2 轮、第 3 轮轮回选择群体的改良,并从高世代轮回群体中筛选获得优良的测交组合母本。

S2 轮回群体加大高含油、早熟性状选择压力。在高含油性状上，以含油量低于 45% 为标准进行筛选，淘汰 S2 所选测交单株的预留种子。以早于对照组 7 天为早熟标准进行 S2 预留种子的筛选。在高产、抗菌核病、抗病毒病、抗倒伏等其他农艺性状上以低于对照组为筛选标准，将筛选得到的预留种子进行等数量抽取，下一年隔离种植、自由交配，构建第 2 轮轮回改良群体 C2。

S3 轮回群体在进行测交比较实验时，重点对含油量、产量性状进行筛选。首先以产量大于对照组、含油量大于 45% 为标准筛选 S3 株系或家系预留种子；其次以双低品质、抗菌核病、抗倒伏等农艺性状优于对照组为标准，进行预留种子的筛选；最后以产量为指标，筛选出最优 10% 组合的 S3 预留种子作为母本的备选材料。

将 S3 筛选获得的母本备选群体种子在下一

年进行种植，于花期取花药离体培养，进行 DH（双单倍体）育种以及筛选，快速获得基因型纯合、高产油、高产、高抗以及其他农艺性状优良的品系。

（三）运行效果

重庆市农业科学院油菜育种团队通过以上方法培育了一批含油量达到 48%~52% 的优良油菜亲本（见图 14）。

1. 恢复系 zy-13

2006 年春，用 1202–10 与 361–11（双低品系）杂交，所得后代利用油菜综合快速加代育种技术连续多代自交后，测异交结果率和品质定型为双低恢复系 zy-13。zy-13 植株叶片大，叶色深绿，叶面平滑，蜡粉少，裂叶 1~2 对，顶叶形状椭圆略尖，叶缘浅齿或无齿。花朵呈鲜黄色，花瓣中等，花粉量充足。该恢复系株高 200cm 左右，生育期 218 天，平均一次有效分枝数 10 个以上，全

（a）不育系 0911

（b）恢复系 zy-13

图 14　利用回交法培育的高含油油菜自交系（亲本）

株有效角果数 400 个以上，每角粒数 20 粒左右，含油量 51.16%。抗性鉴定表现为抗（耐）菌核病、抗病毒病。

2. 恢复系 nc08

2006 年春，以双低材料 1129 与 t08 杂交，利用系统育种选育方法连续自交 5 代，每代通过全基因组重测序设计的、含有 5 万多个 SNP（单核苷酸多态性）位点的油菜液相育种芯片进行辅助选育，选育定型为双低恢复系 nc08。nc08 幼苗半直立，叶色深绿，有蜡粉，叶片无刺毛，顶叶片较大，形似芭蕉叶，植株高 170cm 左右，平均一次有效分枝数 8 个以上，分枝角度适中，全株有效角果数 350~500 个，每角粒数 23 粒左右，含油量 50.89%。抗性鉴定表现为中抗菌核病、中抗病毒病。

3. 恢复系 Wh-5

2009 年春，以自育的双低油菜材料 1139-5 作母本与发掘的控制高产油重要基因 Bna.A05DAD1 的资源材料 292-3 作父本进行杂交，杂交后代中选取优良株，采用系谱法，通过 5 年 7 代，形成性状稳定、农艺性状优良、配合力高的恢复系 Wh-5。Wh-5 幼苗半直立，叶色中等绿色，有裂片，叶缘缺刻程度中，叶片无刺毛，平均株高 180cm 左右，平均一次有效分枝数 7 个左右，全株有效角果数 350~500 个，每角粒数 21 粒，含油量 48.52%。抗性鉴定表现为中抗菌核病。

4. 不育系 0911

2007 年春，以创制的高含油材料 zy-13 为测交父本，进行母本群体的半同胞轮回群体改良。利用油菜快速加代育种技术和液相育种 SNP 芯片技术，从高世代轮回群体中快速筛选获得优良的测交组合母本，通过 3 年 6 代，形成化杀不育度高、品质优良的不育系 0911。0911 幼苗半直立，叶色中等绿色，有裂片，叶缘缺刻程度中，叶片无刺毛，平均株高 183cm 左右，平均一次有效分枝数 8 个以上，全株有效角果数 350~530 个，每角粒数 24 粒，含油量 49.23%。抗性鉴定表现为低抗菌核病。

第三讲

高含油组合的
筛选与试验示范

　　杂交油菜能否大面积应用于生产，关键在于选育出的杂交组合是否高产、优质、抗逆性强，是否适于当地耕作制度，最终体现在经济产品上是否高产、优质、经济效益好。所谓强优势组合，即不论采取雄性不育三系、核不育两型系、自交不亲和系或者化学杀雄等任意一种杂种优势利用途径，其杂交组合的产量必须高于当地推广的同类型常规品种15%以上，或比对照杂交种增产10%左右。高含油杂交油菜品种还需要具有含油量50%左右的优良特性。要达到这些要求，有很大的困难，但也不是不可高攀的。这是因为理论和实践都证明，高含油和高产之间能够实现有机结合。我国第一个高产高含油品种"庆油3号"，在国家区试中产油量较对照组增加47%，就是一个很好的例证。强优势杂交组合关系到杂种生产的水平及其推广利用的程度，所以应十分重视组合的选育。本节将就高含油杂交组合选配的原则和方法，以及杂交组合的试验和示范进行较详细地论述。

一、组合选配

（一）问题描述

杂交种培育主要通过自交系品种进行组配。由于遗传机制的加效或抑制作用，其良好的组合方式可产生比亲本更优良、更综合的性状，但差的组合方式可能表现不如亲本，因此在高含油杂交种组合选配中应遵循一定的原则，使杂交种杂合优势更强。

（二）解决方法

1. 杂交组合含油量要高，综合性状要好，优缺点互补

首先，高含油杂交组合中至少有一个亲本应具有高含油量特性，最好双亲的高含油性状均具有足够的强度。双亲的优点要尽可能多，缺点要

尽可能少，在主要性状上优缺点尽可能互补。在众多性状中，产量性状是一个重要的方面。在产量性状中，重点是每角粒数和千粒重，因为它在产量因素中变异系数最小，比较稳定。试验指出，每角粒数与小区产量呈显著的正相关，凡是每角粒数高的品种往往表现出较高的稳产性。其次，在选择亲本时要注意选择一次性分枝多的品种以增加单株角果数，还要选择对温光反应不敏感的材料，不要过分考虑育种当地狭窄的生态条件，以便育成的品种能适应更加复杂多变的生态环境。

2.杂交组合亲本亲缘关系要远

亲缘关系既包括地理远缘，也包括血统远缘。一般来说，亲缘关系越远的亲本材料之间杂交，杂种优势越强。目前国内高含油油菜资源遗传距离近，品种同质化严重，不少品种属于同一杂种优势群，相互杂交已难以体现出杂种优势。

用二倍体基本种人工杂交合成双二倍体或利用化学诱变、基因编辑技术创制新突变是扩大油菜高含油遗传变异的有效途径。

3. 杂交组合亲本的配合力要高

配合力是指亲本在其所配制的杂种 F1 代中的表现，可分为一般配合力（GCA）和特殊配合力（SCA）。特殊配合力决定了组合杂种优势的强弱。因此，如通过上述系统选育法选育出较为理想的高含油亲本，就应该通过骨干系测交、顶交或双列杂交准确测定其配合力，再在 GCA 高的亲本中挑选出 SCA 高的材料组配杂种，可减少工作的盲目性，更加容易获得高产高含油强优势杂交组合。

4. 广泛配制新组合

配合力测定需要投入一定的时间和资源，包括试验设计、田间管理、数据收集和分析等。在资源有限的情况下，如育种者对亲本和杂交后代表现有足够的了解，可省略配合力测定步骤，直接利用培育出的高含油优质亲本与其他亲本材料广泛配制组合，再选择其中含油量、产量、抗逆性最为突出的组合作为"苗头"组合参加区域试验。

二、组合试验与示范

（一）问题描述

一个杂交组合是否优异，纯度是否高，抗性、适应性是否好，必须通过一系列的试验和示范程序进行鉴定。对在试验和示范程序中表现真正优良的组合，才能申请登记并组织推广。

因为试验的准确性首先取决于试验条件，所以用于育种试验的土地，基本要求是均匀一致，即田块要远离村庄、道路、树林、主渠道，前茬作物为非十字花科作物，且生长均匀，茬口一致。油菜的含油量受施肥量影响较大，尤其是氮肥施用过多会大大降低油菜种子含油量。因此，为使育种材料含油量数据更准确，应尽量保证试验田的肥料施用均匀，忌偏施氮肥。

杂交组合选育的试验和示范程序，包括组合观察试验、组合预备试验、组合正式试验以及组合区域试验和生产示范等。

（二）解决方法

1. 组合观察试验

组合观察是选配高含油强优势杂交油菜组合的第一步。此时的杂交组合数量一般比较多（上千个），所以试验要求并不十分严格。每个组合试验面积2.0~4.0m^2，3~4行即可，不设重复试验。为了便于观察分析，可将同一母本、不同父本组合按顺序排列，以观察鉴定父本的配合力；或将同一父本、不同母本组合排列在一起，以观察鉴定母本的配合力。生育期间做好观察记录，重点记载生育期、整齐度、纯度（三系、两系杂种花期调查恢复率）、抗病性和抗倒伏性。收获前根据记载结果结合经济性状进行初选。初选优秀的组合取样考种，在每组合均匀地段选取 10 株生长一致的植株考种，并测定品质性状（含油量、蛋白质、硫苷、芥酸）。筛选出其中含油量 48% 以上，产量、抗性较高的双低组合参加组合预备试验。

2. 组合预备试验

组合预备试验是为正式试验做选拔。试验小区面积 5.0~10m²，以当地主要推广品种为对照，至少设 2 次重复试验，间比法排列，参试组合最好不超过 100 个，以免观察统计工作量太大。生育过程中进行详细观察、记载和抗性鉴定，测定产量，分析品质。预试验一般进行 1~2 年，从中选取 7~8 份突出组合参加正式试验。

3. 组合正式试验

组合正式试验是育种单位最后一次试验，一般采用随机排列，试验小区面积 12~20m²。主要是对杂交组合的主要生产性状进行全面地鉴定，选出最优组合1~2个，申报参加省级或国家级区域试验。

4. 组合区域试验和生产示范

省级或国家级区域试验是省一级种子管理部门或国家委托的区域试验主持单位组织的油菜新组合区域性试验。根据试验结果，选出在多年多点增产达到显著、极显著的效果，或者在品质（主要是高含油）、熟期、抗性等方面表现突出的组合1~2个。生产试验示范面积不小于$300m^2$。在生长期间做好考察鉴定，以便对新组合作出较为准确的综合评价。

三、新品种登记

通过组合试验示范的高含油新组合申请国家新品种登记。

四、运行效果

重庆市农科院油菜育种团队培育了高产高含油突破性杂交油菜新品种 6 个。其中"庆油 3 号"含油量 49.96%，产油量较对照组增加 47%，创登记当年我国油菜含油量最高纪录。"庆油 8 号"（含油量 51.54%）、"庆油 11 号"（含油量 52.37%）连续刷新纪录（见图 15）。"庆油系列"高含油油菜全国累计推广超过 4000 万亩，推广覆盖整个冬油菜种植区域（冬油菜区域占我国油菜种植面积的 90%），占重庆市油菜种植面积的近 80%。

（a）"庆油 3 号"油菜登记证书 （b）"庆油 8 号"油菜登记证书

图 15 高含油油菜品种

第四讲

分子标记辅助育种技术

分子标记辅助育种（MAS）技术是利用分子标记与决定目标性状基因紧密连锁的特点，通过检测分子标记来检测目的基因的存在，从而达到选择目标性状的目的。这一技术具有快速、准确、不受环境条件干扰的优点，可作为鉴别亲本亲缘关系、回交育种中数量性状和隐性性状的转移、杂种后代的选择、杂种优势的预测及品种纯度鉴定等各个育种环节的辅助手段。随着基因组学、蛋白质组学等现代生物技术的不断发展，分子标记辅助育种技术得以不断革新和完善。这些技术为分子育种提供了理论基础和技术支持，使育种者能够更精准地选择具有优良性状的个体，培育出更优质的新品种。同时，新的分子标记不断被开发出来，包括抗病、抗虫、抗旱、高产、品质改良等各个方面，为育种工作提供了更多的选择和可能性。

一、分子标记原理

针对高含油油菜育种过程中多基因控制的高含油基因容易丢失的问题，为快速直观地检测到育种中的高含油性状，我们采用分子标记辅助育种技术，其原理如下。

利用与目标基因紧密连锁的分子标记，通过检测这些标记的基因型，实现对目标性状的选择。在具体操作中，首先需要通过基因定位或关联分析等方法确定与目标性状有关的基因或基因区段，并在这些基因或基因区段附近找到或设计出合适的分子标记。然后，通过聚合酶链式反应 PCR 或基因测序等方法检测个体的分子标记型，以此推断个体的基因型。最后，根据个体的基因型选择具有优良性状的个体，用于下一代的育种。

其中，遗传连锁是指在同一条染色体上的基因或者 DNA 序列（分子标记）在遗传过程中往往会一起遗传。在作物育种中，通常将与育种目标性状紧密连锁的遗传标记用来对目标性状进行追踪选择。这些分子标记可以是 SNP、微卫星、限制性片段长度多态性（RFLP）等。这些标记与目标基因在染色体上紧密连锁，因此通过检测这些标记的基因型，可以间接地推断出目标基因的基因型。

关联分析是指通过统计方法，找出分子标记与目标性状之间的关联关系。在实施分子标记辅助选择时，首先需要通过基因定位或关联分析等方法确定与目标性状有关的基因或基因区段。这些基因或基因区段可能是控制目标性状的关键基因或基因簇。然后，在这些基因或基因区段附近找到或设计出分子标记。这些标记与目标性状之间存在统计学上的关联，因此可以通过检测这些标记的基因型来预测目标性状的表现。

分子标记的开发是油菜育种辅助选择的关键，

随着现代分子生物学的深入研究，截至目前，分子标记技术已经从第一代更新至第四代。

第一代分子标记（见图16）以限制性片段长度多态性（RFLP）为代表，是基于 Southern 杂交技术来识别的。其优点为共显性的标记，结果

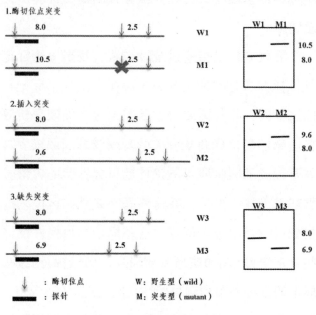

图16　第一代分子标记原理

可靠，有良好的重现性，是作物遗传图谱构建的好方法。其缺点为对 DNA 质量的要求较高，试验成本高，操作复杂且费时费力，试验试剂对人体有害，利用该标记所构建的遗传连锁图谱与目的基因的距离较大。即使该技术出现较早，这些缺点制约了该分子标记技术在分子辅助育种中的发展。

第二代分子标记（见图 17）基于聚合酶链式反应 PCR 扩增技术实现标记结果，其成本低，操作简单，不需要同位素做标记，安全性较高，但其敏感的反应条件给试验结果带来了不确定性，需要较高的试验要求。二代标记技术中还包含一类基于限制性核酸内切酶和 PCR 扩增的标记，仅用少量的引物组合就可以遍布整个基因组，但这些标记对 DNA 的质量要求较高，操作相对复杂，成本较高。

第三代分子标记基于 DNA 测序技术，使人

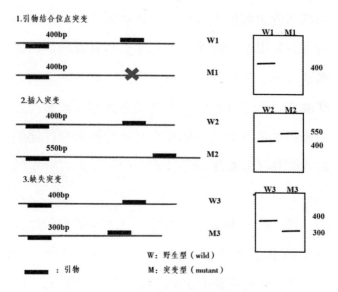

图 17   第二代分子标记原理

类可以对物种的全基因组进行测序和识别。SNP
标记是单个核苷酸变异引起的基因组 DNA 序列
多态性，其遗传稳定性高、位点丰富且分布广
泛，具有效率高、结果可靠的特点，但开发该标
记成本较高。

基于三代分子标记和高通量测序技术开发的

第四代分子标记（被称为"新型分子标记技术"）问世，如用于 SNP 分型的竞争性等位特异性基因 PCR 技术（KASP）标记。因该类标记技术具有准确率高、通量灵活、检测成本低廉等特点，已经被广泛应用于较大群体的 SNP 位点分型。分子标记类型对比见表 1。

二、分子标记获取

（一）步骤描述

分子标记获取主要通过以下几个步骤：

（1）以含油量高的甘蓝型油菜品系和含油量低的甘蓝型油菜品系为亲本，杂交产生 F1 代，通过对 F1 代花粉小孢子培养进行 DH 群体创制。

（2）在 DH 群体中选择 200 个左右植株进行 SNP 标记分型，并进行同环境、同因素种植，成熟后进行性状考察，检测单株油菜籽的含油量，并进行记录。

表 1　分子标记类型对比

标记类型	RFLP	RAPD	SSR	AFLP	SNP
遗传特点	共显性	多数显性	共显性	显性／共显性	共显性
引物／探针类型	基因组 DNA/DNA 特异性、低拷贝探针	9~10bp 随机引物	14~16bp 特异引物	16~20bp 特异引物	特异引物
多态性水平	中等	较高	高	较高	高
重现性／可靠性	高	低	高	高	高

（3）利用 60K Illumina Infinium SNP 芯片对亲本及 DH 群体进行基因分型，通过 SNP 芯片序列和基因组数据库进行 blastn 比对，获得唯一位置的 SNP 标记信息，用于后续分析。

（4）利用 SNP 标记信息构建高密度遗传图谱，并且通过含油量性状信息进行数量性状基因座（QTL）检测，完成复合区间作图（CIM），绘制 QTL 定位遗传连锁图（见图 18）。

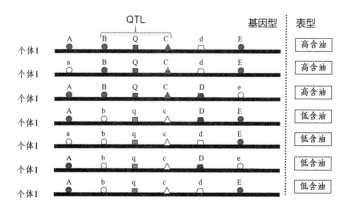

图 18　QTL 定位原理

（5）将 QTL 定位的含油量相关基因与拟南芥等进化同源性较高的植物中的已知相关基因进行 blastn 比对，确定候选基因的可靠性。

（6）可以通过外源基因导入或基因敲除等验证候选基因功能的可靠性。

（二）实施效果

实施效果主要有以下几个优势：

（1）SNP 标记的优势。SNP 标记是单个核苷酸变异引起的基因组 DNA 序列多态性，其遗传稳定性高、位点丰富且分布广泛，具有效率高、结果可靠的特点。比起其他的分子标记，SNP 检测技术具有准确率高、通量灵活、检测成本低廉等特点，可实现自动化高通量检测。

（2）使用分子标记确定基因的优势。可以通过分子标记和性状基因之间的连锁关系，来检测植物是否具有该性状基因，从而判断植物是否具有该性状。该技术可以在育种选择中提高选择的精确性，减少传统育种中的反复验证，缩短了育种年限。

（3）用DH群体进行SNP标记QTL遗传定位，相比于RIL群体，只需杂交到F1代进行花药离体培养就能形成群体，而RIL群体从F2代开始需要多代自交（7代以上）才能形成。相比于F2群体和BC1群体，DH群体具有永久性，且具有较高的作图效率，而F2群体和BC1群体只能作为临时群体，其中F2群体存在杂合基因，不利于作图（见表2）。

表2 作图群体类别

群体名群	群体类别	优点	缺点
F2群体	临时性分离群体	易于配置，配置时间短，遗传信息丰富	表型可靠性差、重复性差，检测微效基因能力差
BC1群体	临时性分离群体	易于配置，配置时间短	只能使用一代，表型重复性差，重组交换信息量较少

群体名群	群体类别	优点	缺点
RIL 群体	永久性分离群体	个体基因纯合，基因重组度较高，遗传图谱有较高的解析度	构建年限较长，不能估计显性效应
DH 群体	永久性分离群体	配置时间短，个体基因纯合，可多点多年重复，直接反映 F1 配子基因重组	重组信息量相对较少
IF2 群体	永久性分离群体	遗传信息丰富，可长期保存，表型可检测多次重复，表型准确	只能粗定位

三、分子标记辅助育种

（一）步骤描述

以含有不同高含油数量性状基因且之间互补的纯合育种材料作为轮回亲本，期望通过回交育种与分子标记辅助选择相结合的方法，选育出具有轮回亲本遗传背景的纯合两型系。具体步骤如下：

（1）以几个轮回亲本作父本分别与对应的供

体亲本杂交，获得 F1。再将 F1 与对应的轮回亲本回交，获得 BC1。

（2）播种 BC1 代种子，利用多个连锁的标记在苗期进行前景选择，选择几组基因型与父本最接近的单株。若轮回父本与供体母本遗传背景差异较大，从甘蓝型油菜全基因组均匀挑选 SSR 标记，筛选出在双亲中多态性较好的 SSR 标记进行背景选择，挑选与母本背景最相似的中选单株，在花期与母本回交得到 BC2。若轮回父本与供体母本遗传背景相近，直接挑选综合性状好的单株与对应的轮回亲本回交得到 BC2。

（3）播种 BC2 代种子，利用位点连锁的标记在苗期进行前景选择，选择多组基因型为最接近轮回父本的单株，花期挑选综合性状好的中选单株与对应的轮回亲本回交得到 BC3。

（4）播种 BC3 代种子，在 BC3 代群体苗期进行前景选择，利用位点连锁的标记选择多组基因型为最接近轮回父本的单株，挑选中选单株于花期与对应的轮回亲本回交得到BC4。

（5）播种BC4代种子，在BC4代群体苗期进行前景选择，利用位点连锁的标记选择与轮回亲本基因型一致的单株，花期套袋自交得到BC4F2。

（6）播种BC4F2代种子，在苗期进行前景选择，利用位点连锁的标记纯合两型单株，苗期取样提取DNA，并利用SNP芯片进行分析，在花期进行育性调查，成熟收获后对种子进行含油量分析。

（二）实施效果

常规育种的主要目标是提高作物产量、增强抗性以及改善品质等。通过杂交育种的方法，能够综合多个优良基因，培育出高产、高抗和优质的新品种。随着育种目标的不断提高，仅通过系统育种和单交法杂交育种已经难以满足现在的育种目标。因为想要聚合多个优良性状，就需要进行多亲本杂交，涉及的基因较多，发生重组交换的次数也多，所以常规育种周期长、工作量大，而且往往随机性和盲目性较大。分子标记辅助选择的出现理论上能够克服传统育种的缺陷，直接反应作物遗传物质的差异，对目标性状的基因进行选择，解决常规育种中假阳性单株问题，可以在早期进行选择，加快了育种进程，提高了育种效率。

四、运行效果

分子标记辅助育种技术可对油菜材料的遗传情况进行快速地识别，从而减少了大量的种植测验工作，在获得相应遗传性状连锁基因信息的前提下，对任何植株进行该性状的定向改造，开发创制新品种的难度大大降低。该技术缩减了育种选择中的工作量，同时提高了选择的精确度，避免了因选择而造成的遗传资源丢失问题。利用分子标记辅助选择，最快只需要回交2代就可以获得具有轮回亲本遗传背景的纯合可育系。

第五讲

快速杂交育种技术

目前，育种专家进行杂交油菜系统选育工作，多依赖于传统的系统选育方法，育成了很多优秀的成果。与此同时，快速杂交育种技术已经在许多育种环节中被使用，具有很高的应用价值。对于传统的系统选育方法，因育种年限长、过程烦琐和选择的盲目性，为育种工作和新品种的应用带来了许多实际困难。

问题的原因主要包括：一是油菜在同一地点及自然条件下，一年只种植一季，因此在育种中繁育一代需要一年的时间；二是在传统选育过程中，杂交后需要进行多代的选择才能完成育种，因此需要多年的时间；三是在传统育种过程中需要5~7代的选育才能使植株达到纯合。

处理的方法主要包括：一是通过快速育种技术一年内可以种植多代，以缩短育种年限；二是通过快速育种技术加速选择，以缩短选择代数；三是通过快速育种技术在早代完成植株纯化，减少纯化代数。

一、快速杂交育种技术工作原理

　　针对以上问题，以缩短育种年限、缩短选择代数、减少纯化代数为目标，使用快速育种技术，其原理如下：①通过使用分子标记辅助育种技术，在杂交群体性状分离后可以快速锁定具有目标性状基因的植株，在整合其他优良性状的同时保证目标性状的稳定性；②通过异地加代繁殖和快速育种技术，可以一年进行多代繁殖，在不减少选择代数的情况下，缩短育种年限；③通过花粉小孢子培养技术，可以快速创制基因纯合植株群体，减少了纯化代数，缩短育种年限。

二、快速繁育技术

（一）问题描述

　　由于杂交育种依赖于杂交进行遗传资源整

合，需要将多个目标性状集中到同一植株中，因此系统选育工作具有很多困难和不确定性。在当下油菜品种推陈出新的时代，育种的滞后性不利于油菜的推广、应用和生产，传统育种具有以下问题：

（1）所有的杂交育种都有杂交、选择和纯化环节，如果在早代就进行选择，会导致一些遗传资源的丢失，比如由多基因控制的性状会因遗传分离而导致性状不明显，从而被淘汰。

（2）如果在早代进行群体杂交，接近纯合后再挑选优良株系，这种方法可以使多基因控制的性状不易丢失。但由于群体均一性比较大，此方法不利于一些性状的选择，同时会增加育种的代数和育种年限。

（3）所有的杂交育种方法需要5~8代才能完成育种，因此按照常规方法需要5~8年，如此长的年限不利于市场对油菜品种的需要。

（二）解决方法

通过南北异地加代和当地不同海拔气候环境加代，即冬油菜异地夏繁的方法实现一年两次种植，可以缩短一半的育种年限。可通过使用油菜快速生长间（见图19）来加快育种进程，即控制温度、湿度、光照周期、光照强度、光波频率等环境因子，诱导油菜植株通过人工设定完成全部生育期，从而实现油菜生育期缩短，且一年可种植四代的效果。这些方法解决了育种年限长的问

图 19   油菜快速生长间

题，通过增加年加代数量减少育种年限，在保证育种代数的前提下，缩短了育种时间，既保证了油菜选育过程的稳定性，又加快了育种进程。

三、小孢子培养技术

（一）问题描述

在品种创制过程中，对杂合株系进行纯化是一个很重要的环节。由于基因分离定律，杂合株自交或杂交在育种过程中都会产生性状和基因的自由组合和分离，因此杂交前或育成品种前应保证植株或群体基因型的纯合，否则会造成子代遗传性状指数型分离。群体自交纯化需要 5~8 代才能实现纯合，其中还涉及大量的选择和鉴定，而且由于选择的盲目性和控制基因的复杂性，群体自交得到的植株不一定完全纯合。相对而言，一般自交群体具有比较庞大的数量，同时需要繁殖多代才能完成，更耗费劳动力和农资投入。

综上所述，当前需要一种快速纯化油菜植株的技术，使油菜不需要经过大量的选择和长期的纯化即可得到基因型纯合、性状稳定的植株，有利于进一步的杂交创制新品系或新品种。

（二）解决方法

油菜小孢子培养技术能够快速创制基因型纯合体，方法如下：

（1）在开花前一周至初花期采蕾，选取小孢子处于单核晚期至双核早期的花蕾进行采样，直接或者低温预处理 2~3 天后镜检挑选培养。

（2）给花蕾进行消毒后将其破碎过滤，使用 B5 培养基游离小孢子，再用 NLN 培养基悬浮培养小孢子，在 32℃的环境中热暗激化培养 2~3 天。

（3）镜检观察，挑选形成膨大细胞的培养物，将培养物中的小孢子离心沉淀，再用新的 NLN 培养基进行悬浮，将悬浮液转至培养皿，进行 25℃环境的暗培养。

（4）暗培养 2~3 周可培养出肉眼可见的胚状体，之后恒温震荡培养一周左右，可将心形、鱼雷形、子叶形等胚状体接种到 B5 固体培养基上培养，直至长成幼苗植株（见图 20、图 21）。

（5）培育的幼苗株经过继代、炼苗等环节才能移栽大田，成为基因纯合型育种材料。

图 20　小孢子培育的胚状体

图 21　小孢子培养技术形成的油菜幼苗

四、基因编辑技术

（一）问题描述

　　传统油菜育种长期依赖于有限的遗传资源，导致基因多样性不足，限制了育种材料的创新和改良。为实现持续的种质改良，迫切需要通过引入新的基因资源或利用先进的生物技术手段，扩大油菜的遗传基础，加速育种进程和精确性。

（二）解决方法

基因编辑技术通过识别并切割 DNA 分子中的特定序列，随后利用细胞自身的修复机制进行修复，从而在 DNA 序列中引入预期的改变。这种技术能够精确定位到基因组的某一位点上，并进行特定 DNA 片段的插入、缺失、修改和替换，可以定向修饰特定基因。基因编辑技术经历了多个阶段的发展，从第一代的锌指核酸酶技术（ZFN）到第二代的转录激活因子样效应物核酸酶技术（TALEN），再到当前广泛应用的第三代 CRISPR/Cas9 技术。CRISPR/Cas9 技术设计简便、成本低、效率高，是当前基因编辑领域的主流技术。基因编辑油菜转化周期状态如图 22 所示。

以下是基于 CRISPR/Cas9 技术的基因编辑操作步骤：

1. 确定编辑目标

首先，确定需要进行编辑的基因及其功能，

图 22 基因编辑油菜转化周期状态

确保目标基因的选择符合育种需求；其次，收集目标基因的序列信息，分析其保守性和特异性，为后续的编辑工作奠定基础。

2. 设计 gRNA

在目标基因中选择合适的靶点，通常选择靠近基因起始或终止编码区的位置，以确保编辑的准确性和效率。根据选定的靶点，设计与目标 DNA 片段高度互补的 gRNA 序列。这一步至关重要，因为 gRNA 将引导 Cas9 蛋白定位到目标 DNA 序列。

3. 构建载体

根据实验需求选择合适的载体，如质粒、病毒载体等。质粒是常用的载体之一，能够携带 CRISPR/Cas9 系统和 gRNA 序列。将设计好的 gRNA 和 Cas9 蛋白的编码基因构建到基因编辑载体中，以便将其导入油菜细胞。

4. 导入油菜细胞

选择适合编辑的油菜细胞，利用农杆菌转化

法或其他方法将构建好的表达载体转染到目标细胞中，使 gRNA 和 Cas9 蛋白进入细胞内部。

5. 筛选与鉴定

通过筛选获得含有 Cas9 蛋白和 gRNA 的油菜细胞，并利用 PCR、测序等方法鉴定目标基因是否发生编辑。

6. 培育转基因油菜

将鉴定为阳性的油菜细胞进行培养，最终培育出转基因油菜植株（见图 23、图 24）。

图 23 基因编辑技术形成的油菜幼苗

图 24　基因编辑技术形成的抗除草剂油菜植株

五、运行效果

通过油菜快速育种技术可大大加快育种进程。通过基因编辑技术、分子标记辅助育种技术与小孢子培养技术进行育种过程优化，3~4 代即可完成单交育种的过程。即便是复杂的复交育种过程，该技术也可以大大缩减育种代数。通过配套使用夏繁加代和快速生长间技术，可一年繁育数代，最快两年时间就能完成一个品种的全程选育过程，显著提升了育种的效率，为新品种的上市提供了宝贵的先机。

后　记

作为一名基层的农业科研工作者，我立足农业事业，走到农民中。我进行科研与技术的创新只为农民生产增效益，为农业生产添活力。在农业科研实践中，每一次试验都面临着未知和失败，但成功的大门是由一次次尝试和失败来打开的，而农民和农业的切实需求都是我迈向成功的指导方向。因此，我致力于研发出能真正为国家、农业、农民切实带来利益的新品种、新技术，这是一条艰难困苦与无上光荣并存的光辉大道，而我勇于创新、敢于拼搏，每一个新品种和新技术的问世都饱含着我对农业农村发展的期盼和深情。我将长期扎根农业科研，将科技创新引领的农业发展成果带给千家万户。

　　目前我和团队所做的工作就是油菜新品种的研发，以高含油、高产、双低油菜为核心，根据生产需求逐步聚合了短生育期、抗根肿病、抗裂角、高营养、宜机收等优异特性，为我国超高含油油菜品种的发展作出了巨大的贡献。接下来我将继续带领团队秉承以中国种业科技创新为任务方向，为国家的农业强国建设开发出更多优质、先进的油菜新品种。

　　同时，我将引领团队成员在油菜育种和农业技术创新方面进行攻关，打造有激情、有力量、有技术、有成果的高技能人才梯队，持续促进油菜产业高质量发展，为我国走向农业强国作出自己应有的努力和贡献。

2024 年 8 月

图书在版编目（CIP）数据

黄桃翠工作法：高含油杂交油菜系统选育 / 黄桃翠

著. -- 北京：中国工人出版社, 2024.11. -- ISBN 978-7

-5008-8549-8

Ⅰ. S634.303.2

中国国家版本馆CIP数据核字第2024YR8960号

黄桃翠工作法：高含油杂交油菜系统选育

出 版 人	董　宽	
责 任 编 辑	孟　阳	
责 任 校 对	张　彦	
责 任 印 制	栾征宇	
出 版 发 行	中国工人出版社	
地　　　址	北京市东城区鼓楼外大街45号　邮编：100120	
网　　　址	http://www.wp-china.com	
电　　　话	（010）62005043（总编室）	
	（010）62005039（印制管理中心）	
	（010）62379038（职工教育编辑室）	
发 行 热 线	（010）82029051　62383056	
经　　　销	各地书店	
印　　　刷	北京市密东印刷有限公司	
开　　　本	787毫米×1092毫米　1/32	
印　　　张	3.625	
字　　　数	44千字	
版　　　次	2024年12月第1版　2024年12月第1次印刷	
定　　　价	28.00元	

本书如有破损、缺页、装订错误，请与本社印制管理中心联系更换

优秀技术工人百工百法丛书

第一辑　机械冶金建材卷

100 ARTISANS AND 100 TECHNIQUES SERIES

郭玉明工作法

复吹转炉底吹的精准维护

100 ARTISANS AND 100 TECHNIQUES SERIES

金国平工作法

炼钢连铸设备智能化的运维与改善

100 ARTISANS AND 100 TECHNIQUES SERIES

李兵工作法

汽车发动机故障诊断与维修

100 ARTISANS AND 100 TECHNIQUES SERIES

李凯军工作法

压铸模具制造

100 ARTISANS AND 100 TECHNIQUES SERIES

林学斌工作法

连铸电气设备的点检

100 ARTISANS AND 100 TECHNIQUES SERIES

刘伯鸣工作法

带直段锥体的锻造与成形

100 ARTISANS AND 100 TECHNIQUES SERIES

刘更生工作法

京作硬木家具制作水磨、烫蜡技艺

100 ARTISANS AND 100 TECHNIQUES SERIES

潘从明工作法

萃取设备的设计与制造

100 ARTISANS AND 100 TECHNIQUES SERIES

裴永斌工作法

弹性油箱全自动数控加工技术

100 ARTISANS AND 100 TECHNIQUES SERIES

邵志村工作法

铜精矿火法的双闪冶炼

100 ARTISANS AND 100 TECHNIQUES SERIES

王树军工作法

设备的养护与修理

100 ARTISANS AND 100 TECHNIQUES SERIES

王万松工作法

热轧带钢板形的控制

100 ARTISANS AND 100 TECHNIQUES SERIES

温广勇工作法

玻璃纤维拉丝设备的维修与优化

100 ARTISANS AND 100 TECHNIQUES SERIES

文寨军工作法

低热硅酸盐水泥的制备及应用

100 ARTISANS AND 100 TECHNIQUES SERIES

徐成东工作法

肉眼秒判奥斯麦特炉渣含铅品位

100 ARTISANS AND 100 TECHNIQUES SERIES

郑久强工作法

转炉炼钢炉型的控制与操作

优秀技术工人百工百法丛书

第二辑　海员建设卷

100 ARTISANS AND 100
TECHNIQUES SERIES

蔡连财
工作法
半潜船浮装
操作

100 ARTISANS AND 100
TECHNIQUES SERIES

常洪霞
工作法
公交安全驾驶
与服务

100 ARTISANS AND 100
TECHNIQUES SERIES

陈宇航
工作法
大型管道
装配

100 ARTISANS AND 100
TECHNIQUES SERIES

陈竹祥
工作法
汽车漆膜修补

100 ARTISANS AND 100
TECHNIQUES SERIES

程克辉
工作法
常用
焊接操作技能

100 ARTISANS AND 100
TECHNIQUES SERIES

勾常春
工作法
盾构注浆
"制一运一注"
一体化集成系统

100 ARTISANS AND 100
TECHNIQUES SERIES

李燕肇
工作法
古建彩画
颜料调制
及彩画工艺流程

100 ARTISANS AND 100
TECHNIQUES SERIES

廖明
工作法
地铁司机应急处置
技能培训

100 ARTISANS AND 100
TECHNIQUES SERIES

魏钧
工作法
焊接十步
操作法

100 ARTISANS AND 100
TECHNIQUES SERIES

吴喜军
工作法
桥梁伸缩缝
微创技术

100 ARTISANS AND 100
TECHNIQUES SERIES

翟筛红
工作法
古建筑
冰纹窗制作

100 ARTISANS AND 100
TECHNIQUES SERIES

竺士杰
工作法
远控集装箱
岸桥操作法

优秀技术工人百工百法丛书

第三辑 能源化学地质卷

100 ARTISANS AND 100 TECHNIQUES SERIES

陈可营工作法

海洋油气生产绿色数智化设计与应用

100 ARTISANS AND 100 TECHNIQUES SERIES

程平工作法

钴基60硬质合金真空水冷堆焊

100 ARTISANS AND 100 TECHNIQUES SERIES

丁正江工作法

焦家式金矿预测勘查

100 ARTISANS AND 100 TECHNIQUES SERIES

华伶利工作法

松散地层钻进取心

100 ARTISANS AND 100 TECHNIQUES SERIES

黄兆亮工作法

航改型燃气轮机蜂窝封严钎焊修复

100 ARTISANS AND 100 TECHNIQUES SERIES

琚永安工作法

架空地线复合光缆的电动旋切

100 ARTISANS AND 100 TECHNIQUES SERIES

李辉工作法

用试验电压检测变电站一、二次设备交流回路整体组合工况

100 ARTISANS AND 100 TECHNIQUES SERIES

李祖锋工作法

抽水蓄能电站控制测量方案优化

100 ARTISANS AND 100 TECHNIQUES SERIES

刘清工作法

煤矿无人化智能开采控制系统

100 ARTISANS AND 100 TECHNIQUES SERIES

毛玉泉工作法

贵细中药材鉴别应用

100 ARTISANS AND 100 TECHNIQUES SERIES

齐名工作法

应用STC单片机

100 ARTISANS AND 100 TECHNIQUES SERIES

秦钦工作法

矿井安全监控设备辅助安装及故障分析处理

孙同根
工作法
S.Zorb装置
优化

王月鹏
工作法
基于绝缘平台的
绝缘杆作业法

王跃
工作法
滴定分析的
判断与控制

杨新海
工作法
车载移动测量技术
在实景三维成果
质量检验中的应用

杨义兴
工作法
油田修井现场
清洁生产
技术应用

游弋
工作法
煤矿供电系统
防晃电
设计与应用

余姝
工作法
高陆峡谷区
地质灾害调勘查

优秀技术工人百工百法丛书

第四辑　国防邮电卷

100 ARTISANS AND 100 TECHNIQUES SERIES

高凤林工作法

钢/铝异种金属软钎焊制造

100 ARTISANS AND 100 TECHNIQUES SERIES

曹彦生工作法

航天结构件数控铣削加工工艺

100 ARTISANS AND 100 TECHNIQUES SERIES

陈久友工作法

轻量化金属构件高性能激光焊接

100 ARTISANS AND 100 TECHNIQUES SERIES

陈佐佐工作法

数字化纤芯管理方案

100 ARTISANS AND 100 TECHNIQUES SERIES

洪家光工作法

典型产品车削加工

100 ARTISANS AND 100 TECHNIQUES SERIES

秦世俊工作法

直升机动部关键件、重要件数控加工

100 ARTISANS AND 100 TECHNIQUES SERIES

陶安工作法

高精度、高硬度螺纹环规二次车削及专用夹具

100 ARTISANS AND 100 TECHNIQUES SERIES

王刚工作法

高精度铰孔精准控制

100 ARTISANS AND 100 TECHNIQUES SERIES

徐珺工作法

全光组网安装维护交付

优秀技术工人百工百法丛书

第五辑 财贸轻纺烟草卷

100 ARTISANS AND 100 TECHNIQUES SERIES

侯晓锋工作法
玉雕弥勒造像技艺

100 ARTISANS AND 100 TECHNIQUES SERIES

胡志明工作法
绍兴黄酒酿制

100 ARTISANS AND 100 TECHNIQUES SERIES

毛建波工作法
手表偷停检查操作

100 ARTISANS AND 100 TECHNIQUES SERIES

祁磊工作法
国产高速卷烟机接装质量提升改造

100 ARTISANS AND 100 TECHNIQUES SERIES

许琳工作法
差别化细纱纺织

100 ARTISANS AND 100 TECHNIQUES SERIES

杨成工作法
后纺十八辊热定型设备蒸汽系统的改造与创新

100 ARTISANS AND 100 TECHNIQUES SERIES

占绍林工作法
陶瓷拉坯成型五步法

100 ARTISANS AND 100 TECHNIQUES SERIES

张宿义工作法
浓香型白酒品质提升